身边的科学 真好玩

大有来头的小昆虫

You Wouldn't Want to Live Without Insects!

[英]安妮·鲁尼　文
[英]大卫·安契姆　图
高　伟　李芝颖　译

时代出版传媒股份有限公司
安徽科学技术出版社

[皖] 版贸登记号:121414021

图书在版编目(CIP)数据

大有来头的小昆虫/(英)鲁尼文;(英)安契姆图;高伟,李芝颖译. --合肥:安徽科学技术出版社,2015.9
(2024.1重印)
(身边的科学真好玩)
ISBN 978-7-5337-6788-4

Ⅰ.①大…　Ⅱ.①鲁…②安…③高…④李…
Ⅲ.①昆虫-儿童读物　Ⅳ.①Q96-49

中国版本图书馆 CIP 数据核字(2015)第 213803 号

You Wouldn't Want to Live Without Insects! @ The Salariya Book Company Limited 2015

The simplified Chinese translation rights arranged through Rightol Media (本书中文简体版权经由锐拓传媒取得 Email:copyright@rightol.com)

大有来头的小昆虫　　[英]安妮·鲁尼 文　[英]大卫·安契姆 图　高伟　李芝颖 译

出 版 人:王筱文　　　选题策划:张 雯　　　责任编辑:张 雯
责任校对:王爱菊　　　责任印制:廖小青　　　封面设计:武 迪
出版发行:安徽科学技术出版社　　　http://www.ahstp.net
(合肥市政务文化新区翡翠路 1118 号出版传媒广场,邮编:230071)
电话:(0551)63533330
印　　制:大厂回族自治县德诚印务有限公司　　　电话:(0316)8830011
(如发现印装质量问题,影响阅读,请与印刷厂商联系调换)

开本:787×1092　1/16　　　印张:2.5　　　字数:40 千
版次:2015 年 9 月第 1 版　　　印次:2024 年 1 月第 10 次印刷

ISBN 978-7-5337-6788-4　　　　　　　　定价:28.00 元

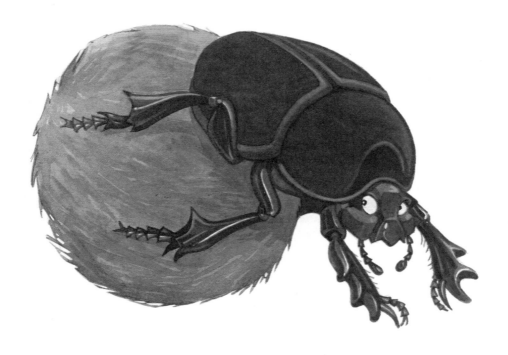

昆虫大事年表

约4亿年前

最早的昆虫开始出现。目前人们发现最早的昆虫化石有约3.96亿年历史，这种昆虫看起来有点像银鱼。

约1.5亿年前

在史前森林中昌盛一时的巨型昆虫灭绝，只剩下我们现在看到的这些小型昆虫。

约2.4亿年前

开始出现与现代昆虫形状更相似的昆虫，先是蜜蜂，接着是苍蝇，而后在1.5亿年前则出现了黄蜂和飞蛾。

约4000年前

在古埃及，甲虫拥有神一般的地位，被视为太阳神——拉神。

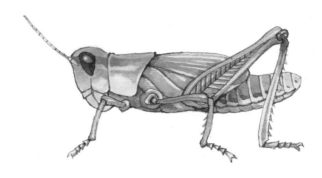

1346—1353年

黑死病经由鼠蚤传播，导致欧洲一半的人口死亡。

1939年

人类发明强力杀虫剂，包括DDT（二氯二苯三氯乙烷）。这些杀虫剂能保护庄稼、控制病虫害，有利于农作物的生长。

20世纪70年代

人们发现DDT对环境有危害，DDT因此被禁止使用。

1897年

罗纳德·罗斯发现蚊子会携带疟疾寄生虫。

食物网

图上的箭头表示生物间食物流动的方向。

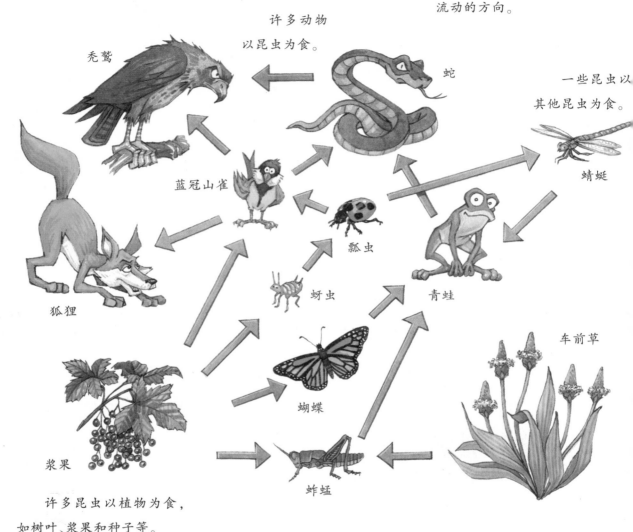

许多动物以昆虫为食。

一些昆虫以其他昆虫为食。

秃鹫

蛇

蜻蜓

蓝冠山雀

瓢虫

青蛙

狐狸

蚜虫

车前草

浆果

蝴蝶

蚱蜢

许多昆虫以植物为食，如树叶、浆果和种子等。

这张食物链网图向我们展示了不同种类的生物体之间是如何相互捕食的。从这张图中我们可以发现，植物通常处于食物链的底部，称为"初级生产者"，它们从阳光里获得能量，从空气中获得所需气体，从土壤里获得养料，为整个食物链里的其他生物提供食物。很多的昆虫和动物都以植物为食。此外，还有一些昆虫和动物又以这些草食性的昆虫为食，接着，它们也成为一些体型更大的动物的食物。动物或植物一旦死去，它们就会成为昆虫的食物！

作者简介

文字作者：

安妮·鲁尼，曾在英国剑桥大学学习英语，获得哲学博士学位。她在几所英国大学任过教职，目前是剑桥大学纽纳姆学院的皇家艺术基金会成员。安妮已经出版150多本儿童及成人书籍，其中几本的内容为科学及医学史。她也创作儿童小说。

插图画家：

大卫·安契姆，1958年出生于英格兰南部城市布莱顿。他曾就读于伊斯特本艺术学院，在广告界从业了15年，后成为全职艺术工作者。他为大量非小说类童书绘制过插图。

目 录

导　读

你或许曾想过生活在一个没有昆虫的世界里：没有马蜂蜇你，没有蚊子咬你，没有蚂蚁在野餐时给你添乱，也没有虱子让你在睡觉时痒得难受。你养的狗狗身上不会再出现跳蚤，花园里的叶子也不会被蚜虫咬得乱七八糟。这听上去很美好，不是吗？昆虫往往被冠以"害虫"之名，而我们得花不小的力气才能消灭它们。

然而，并非所有的昆虫都是害虫。即便你不喜欢，有些昆虫甚至还能帮上人类的大忙。没了昆虫，我们不会有种类繁多的食物，世界也会变得乌烟瘴气。昆虫个头虽小，但它们肩负的使命一点也不小。

所以，别再用书去赶苍蝇了，接着往下读，你会慢慢发现昆虫的益处。到时候，或许你会重新审视你那个没有昆虫的"理想世界"。

你这个小坏蛋！

昆虫在地球上生活的时间比我们人类长得多。既然如此，我们这些"晚辈"难道不该对"长辈"放尊重点儿吗？

昆虫一统天下！

如果有幸回到史前世界，你或许能在沼泽的周围发现昆虫的身影。昆虫属于节肢动物，这是一种非常古老的动物类型。在大约4.5亿年前，它们是第一批离开海洋登上陆地开始生活的生物。蜘蛛、螃蟹、蝎子、蜈蚣、千足虫和昆虫皆属于节肢动物。第一代昆虫大约诞生于4亿年前，并一直繁衍至今。

当时，那些昆虫在一直不停地生长、不停地生长，直到个个都长成庞然大物为止！幸运的是，那些巨型昆虫已经在大约1.5亿年前灭绝了。

就算是对于恐龙来说，昆虫也是个麻烦。当时的跳蚤起码有现在的十倍这么大，它们会令恐龙痒得难受。一些科学家认为，跳蚤身上所携带的病菌就是让恐龙灭绝的元凶之一。

1.5亿年前的
剑龙和跳蚤

3亿—2亿年前的巨型昆虫和其他节肢动物

尝试一下！

你下次出门玩耍时，数数看你能找到多少种昆虫？要留心观察墙角、空中、灌木丛里、石头下面和腐木中间……话说回来，要是你生活的环境里有不少危险的昆虫的话，你可要小心了！

世界上**体型最大**的昆虫生活在古生代时期，该时期结束于2.5亿年以前。巨蜻蜓是一种体格硕大的蜻蜓，翼展有65厘米长，这可比你的胳膊还要长呢！

跟昆虫比起来，我们人类的数量简直太少了！昆虫数量是人类数量的2亿倍之多，也就是说平均分下来，每个人对应2亿只昆虫……

90%

10%

昆虫的**适应性**极强。昆虫几乎能吃掉任何东西，对昆虫来说，没有东西是它们消化不了的。昆虫的足迹遍及世界每一个角落，它们甚至能在南极洲那样冰冷恶劣的环境中生存。

昆虫是进化得十分成功的一种生物。昆虫大家庭差不多有600万—1000万个种类，而科学家仅仅只发现了其中的90万种。除去细菌，地球上有超过90%的物种都属于昆虫。

昆虫可**不只是数量多**。所有的蚂蚁加在一起的重量大于人类的总重量，而热带雨林里，所有的昆虫加在一起比所有脊椎动物加在一起的重量还要重。

昆虫大揭秘

昆虫虽小，生命力却十分顽强。它们身披坚硬的外壳，仿佛穿上了一身盔甲。它们同样能适应恶劣的环境。当环境恶化时，它们比其他动物更容易存活：蟑螂在没有食物的条件下能存活6个星期，就算没了脑袋，它们也还能活4个星期；胡蜂承受辐射的能力是人类的180倍……1986年，在乌克兰切尔诺贝利核泄漏事件发生以后，人们惊奇地发现，昆虫比其他动物更好地幸存了下来。每当灾难平息后，昆虫总是第一批重回故地的生物。

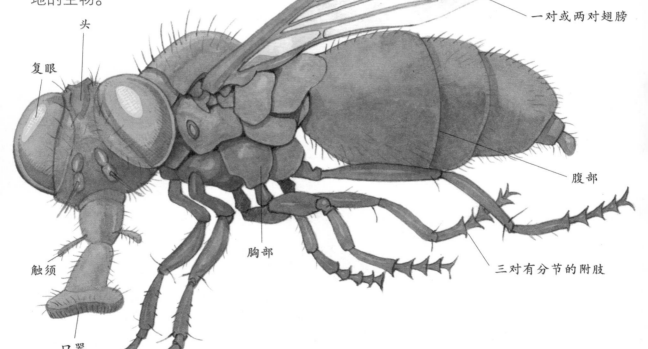

一对或两对翅膀

腹部

三对有分节的附肢

头

复眼

胸部

触须

口器

我们应该如何辨认昆虫呢？昆虫的身体通常由三部分组成，即头部、胸部和腹部。复眼和三对分节的附肢是它们的特征。一些昆虫有翅膀。而所有的昆虫都有坚硬的外壳或者外骨骼。

左图就是**切尔诺贝利核电站**。在如此恶劣的环境下，胡蜂、蟑螂和白蚁比没有坚硬外壳的大型动物更容易存活。

尝试一下！

想用昆虫的视角看世界吗？将一大把剪短的吸管集中起来，从一端看过去吧！透过这一大把吸管看到的情景与昆虫的复眼观察到的景象像极了。

微气管(小)

气管(大)

气门

昆虫**没有肺**，它们的呼吸全靠一种叫作气门的东西。气门在昆虫身体两侧一字排开，连接着体内的气管网络，把氧气输送至身体各处。

昆虫飞檐走壁样样精通，它们能走、能跳、能爬、能飞，还能游。

划蝽

吃饭时间到了！不同昆虫有不同类型的口器来摄入不同种类的食物：蚂蚁拥有强壮的颚，能切割和咀嚼植物组织和肉类；蝴蝶拥有长长的舌头，可吸食花朵深处的花蜜；苍蝇拥有管状的口器，能分泌具有分解食物功能的唾液，待食物分解之后，它们就将食物从管状口器里吸上来；蜜蜂则拥有重叠的舌头，以便把花粉舔上来。

蚂蚁

蝴蝶

苍蝇

蜜蜂

昆虫以植物、动物尸体以及腐烂的东西和粪便为食。蜻蜓的幼虫甚至会把小型鱼类当作食物(见右图)。

昆虫的生命周期

发育完全的婴儿是人类出生时候的样子，之后我们便渐渐长大。而昆虫的一生则充满艰辛，它们中的大多数都会经历至少四个生命阶段，而且每一个阶段之间差异巨大。

卵是昆虫生命的第一阶段。这些卵紧挨着食物，便于孵化后的幼虫能轻松地获得营养。处于幼虫阶段时，不同种类的昆虫有着不同的名字，例如"毛虫"或"蛆虫"。幼虫四处活动，寻找食物，迅速成长。当它们长到足够大时，就会做一个茧，包裹全身，慢慢蜕变成蛹。蛹虽一动不动，但其身体里面却发生着奇妙的变化。最终，成虫会破茧而出，离开这个它蜕变的地方。

幼虫以腐木为食，这个阶段会持续2~4年。

幼虫作茧并蛹化，这个过程会持续3~6周。

3周过后，虫卵孵化。之后幼虫是生是死，全靠幼虫自己！

和其他很多昆虫一样，**雄性甲虫**有四个生命阶段。它生命里的大部分时间是作为幼虫度过的。蛹化期间是它的"变态时期"，在这一期间，它由幼虫蜕变为成虫。

成年的甲虫仅能存活一个夏天，在此期间它们不吃不喝。

虫卵被产在腐木旁边，腐木为幼虫生长提供食物。

在变态时期,昆虫不会移动或进食,它们静静地走进生命的另一个阶段——成虫阶段。

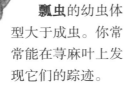

瓢虫的幼虫体型大于成虫。你常常能在荨麻叶上发现它们的踪迹。

神奇的若虫

一些昆虫的**幼虫**和成虫的样子简直是千差万别。例如,蜻蜓的幼虫长得就很像一只四肢健全却没有翅膀的水生成虫。

有些昆虫只有三个生命阶段,即虫卵、若虫和成虫。但蚱蜢的若虫阶段却分为5个时期,这个过程被称作"龄期",期间,它必须褪去坚硬的外壳,才能继续生长,因为硬壳的大小是固定的。

大害虫！

有的昆虫会叮你、咬你，甚至吸血并传播疾病！难怪人们如此痛恨这些害虫！

有些可怕的疾病是由昆虫引起的，疟疾就是其中之一。这种最可怕的热带疾病能造成严重的发热症状。疟疾每年会夺去70万~120万人的生命。一种原本生活在蚊子肠道里的寄生虫就是造成疟疾的罪魁祸首。一旦携带这种寄生虫的蚊子叮咬了人体，这种寄生虫就会被送入人体内，寄生在肝脏和血液中。

只有按蚊（又称疟蚊）才携带引发疟疾的寄生虫，同时，也只有雌性蚊子才会叮咬人。雄性蚊子以花蜜为食，并不会对人构成伤害。疟疾只对人体构成伤害，蚊子是不怕这种病的。

嗡　　嗡　　嗡

下次躺在这儿的说不定就是我们了……

14世纪40年代，老鼠身上的**跳蚤**导致了一场大范围的瘟疫，即黑死病。感染人体的黑死病菌就是由老鼠身上的跳蚤叮咬人体造成的。

重要提示

想要在蚊虫肆虐的环境里生活，就得知道如何保护自己！安装纱窗或者蚊帐能让你晚上睡得更安宁。这也会大大降低你患上疟疾的概率。

头虱

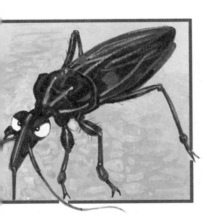

猎蝽是来自空中的不速之客，它们随时威胁着你的安全。这些面相不善的虫子可能携带寄生虫，让你患上美洲锥虫病，对你造成终身的伤害。当你用手指甲挠被猎蝽叮咬的包时，这些寄生虫就会进入你的血液。

一些昆虫身体的末端长着尖尖的螯针。对于胡蜂而言，只有雌性才有这种螯针，螯针是由雌蜂的产卵管道进化而来的。但估计人们都不会凑太近去看吧。

头虱是人类熟悉的一种体型微小但会叮咬人的昆虫。它们会在人的发根处产卵，孵化出来的头虱幼虫会啃咬你的头皮，并吸食血液。由此引起的过敏反应会使人头皮发痒。

一个不留！

有些昆虫的危害极大，是真正的"害虫"！它们能破坏庄稼和大楼，使土地寸草不生。

深受蝗虫侵害的人们估计做梦都想消灭掉这些害虫吧！当蝗虫群以铺天盖地之势袭来时，遮天蔽日，令人惊心动魄。蝗虫群会啃食掉它们途经的一切植被，所到之处无不满目疮痍。仅一只蝗虫一天就能吃掉跟自身体重差不多的食物。一片移动的蝗虫群能覆盖面积约1200平方千米的土地，摧毁庄稼，引发饥荒。

木蛀虫是甲虫的幼虫。成年的甲虫会在木头里产卵，包括所有的木质楼板、横梁和家具。幼虫孵化出来之后，会疯狂地啃食木头。

咔嚓！

天啊，我最喜欢的毛衣！

衣蛾的幼虫会啃食纤维织物，损坏衣服、地毯和配饰。它们特别喜欢天然纤维组织，尤其是羊毛。

通气孔

由唾液、粪便和泥土筑成的外墙

通风道

重要提示

如果有衣蛾对你喜爱的工作服或是毛衣下手的话,可先把这些衣服放进塑料袋里,然后在冰箱里放上几天,这样就能彻底消灭衣蛾和它的幼虫了。试试看吧,效果不错哦!

空气通过墙上的空洞进入内部

巢(分隔成众多小区间)

白蚁看上去长得很像没有腰部的蚂蚁。白蚁巢穴常呈塔状,一个白蚁巢可以容纳上亿只白蚁。白蚁巢主要由白蚁吐出的嚼碎的木头和植物构成,其中还包括被它们嚼碎的谷物和人类的木质建筑。

白蚁

飞蚁

毁灭？ 重生！

虽然昆虫对你的外套、房屋还有庄稼犯下了滔天罪行，但昆虫的破坏性行为又符合自然运转的规律。不然,谁来处理那些动植物的尸体呢？谁来把动物的粪便清理掉呢？

昆虫为自然界的有效循环做出了巨大贡献。昆虫将动植物的尸体和粪便粉碎,吃掉这些垃圾,并把卵产在里面,或者把它们带入地下,让细菌参与分解。如果没有这些小小的"拾荒者",那么整个世界将淹没在令人作呕的垃圾海洋之下。

动植物的尸体为昆虫提供了一场盛宴。苍蝇和甲虫会把卵产在死尸里。当蛆虫孵化出来之后,它们就以动植物的尸体为食,把这些尸体迅速处理掉。

袋鼠的粪便整洁又干燥,而牛粪则稀疏,并散发出恶臭。当人们第一次把牛引入澳大利亚时,当地的屎壳郎（一种食粪的甲虫)拿牛粪没有任何办法。就这样,由于没法被处理掉,牛粪以每小时1200万堆的速度,"占领"了澳大利亚牧场周围的大片土地！后来,人们不得不从非洲将一种能消化牛粪的屎壳郎带入澳大利亚,这场危机才得以解决。

法医昆虫学家能够准确地告诉你死者的死亡时间和死者身体上被昆虫入侵的部分。他们的分析对警察侦破案件很有帮助。

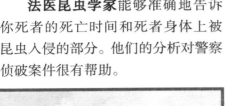

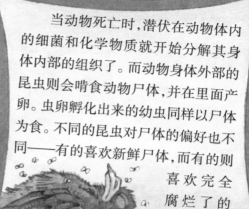

当动物死亡时，潜伏在动物体内的细菌和化学物质就开始分解其身体内部的组织了。而动物身体外部的昆虫则会啃食动物尸体，并在里面产卵。虫卵孵化出来的幼虫同样以尸体为食。不同的昆虫对尸体的偏好也不同——有的喜欢新鲜尸体，而有的则喜欢完全腐烂了的尸体。

一些成年的屎壳郎会把粪便堆成一个小球，并在里面产卵。当这些卵孵化后，它们的食物就是……这不用多说了吧。

古埃及制作的圣甲虫雕像

圣甲虫的原型其实就是屎壳郎，而世界上有超过3万种屎壳郎。古埃及人知道它们的巨大作用，并对它们顶礼膜拜。古埃及人甚至还制作了屎壳郎木乃伊呢！

我们的世界需要虫子！

盛夏野餐时，各种各样的虫子总喜欢过来搅和，令人不快。但如果世界上没有昆虫，或许我们连享受野餐的机会都没有。世界上3/4的植物和1/3的庄稼通过动物授粉。这些动物中，昆虫是贡献最大的一类。如果没有它们，人们就没法享用香甜可口的瓜果，也欣赏不到艳丽动人的鲜花，蔬菜的产量也会大幅下降。也许你不喜欢吃蔬菜，但一些动物可喜欢着呢，而你可能钟爱那些动物提供的食物，如牛排和牛奶等。

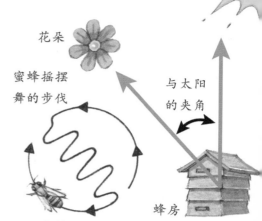

太阳

花朵

蜜蜂摇摆
舞的步伐

与太阳
的夹角

蜂房

蜜蜂一旦找到花田，就会通过一种特别的"摇摆舞"告诉其他蜜蜂花田的位置。这种迷人的"蜜蜂舞"提供了花田方位与太阳的夹角，以及到花田的距离等信息。

如果没有了昆虫，我们将再也享受不到诸如洋葱、胡椒、可可、卷心菜、西蓝花、豆子、咖啡、葡萄、草莓、苹果和梨这样的食物了。

尝试一下！

瞧瞧你家冰箱和柜子里的食物，哪些是依靠了昆虫授粉的呢？所有水果和部分蔬菜的生长需要昆虫的参与。而诸如水稻和小麦这样的谷物则不需要。焗豆(欧洲传统食物，又称茄汁豆)的制作离不开豆类和西红柿，而这两种植物也需要昆虫来授粉。

蜜蜂在觅食花蜜的过程中，脚上会沾到花粉。当蜜蜂飞向另一朵花时，花粉会从脚上掉落，从而给花朵授粉，生成种子。

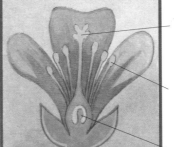

雌蕊接收蜜蜂带来的花粉

花粉囊(雄蕊的顶部)富含花粉

子房(种子生成的地方)

保护蜜蜂！

全世界范围内的蜜蜂都面临着灭绝的危险。现代农业生产经营方式破坏了它们的栖息地，而农药则会直接杀死蜜蜂。此外，蜜蜂还会遭受疾病和寄生虫的威胁。如果蜜蜂灭绝，人类将会迎来一场大灾难——世界大饥荒！

花粉囊

坏家伙变好了！

有些昆虫在成长中的某一阶段是害虫，而到了另一阶段则变成了益虫。比如，它们的幼虫可能会啃食庄稼，但等到长为成虫，却能帮助花朵授粉。但也有这样的情况：一些昆虫的幼虫能帮助清理垃圾，成虫则成了害虫。

昆虫帮助人类的方式多种多样。在世界上的某些地区，它们甚至被端上了餐桌。当然，它们也是其他动物的食物。很多鱼类、爬行动物、哺乳动物以及鸟类会以昆虫、昆虫幼虫和虫卵为食。而那些动物本身也是人类食物不可缺少的组成部分。

然而，作为重要食物来源的昆虫也会带来危害，比如啃食庄稼、传播疾病或是破坏建筑物等。好家伙有可能变坏，坏家伙又有可能变好，这可真是奇妙啊！

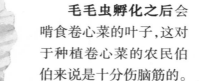

毛毛虫孵化之后会啃食卷心菜的叶子，这对于种植卷心菜的农民伯伯来说是十分伤脑筋的。

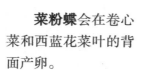

菜粉蝶会在卷心菜和西蓝花菜叶的背面产卵。

毛毛虫准备**蛹化之前**，通常会疯狂地啃食卷心菜。

你可能认为胡蜂没什么优点，但它们其实会吃掉很多昆虫和虫卵，比如啃食庄稼的毛毛虫。所以，胡蜂其实也有好的一面。

蜜蜂蜇人很疼，但这也有好处。蜜蜂蜇针里的毒液能用来制造消炎药物，这对患有关节炎的病人来说可是福音。

尝试一下！

安静地坐在花圃或是开花的树旁。不一会儿，你就能发现前来采蜜的昆虫。当它们爬过花朵时，你可以清楚看到它们身上沾的黄色粉末，那就是花粉。

当蝴蝶破茧而出之后，它们就不再是害虫了，它们不会再啃食卷心菜，而是开始帮助花朵授粉了。如果我们消灭掉所有的毛毛虫，那谁来为花朵授粉呢？

蚂蚁的叮咬令人难耐，但蚂蚁也可用来缝合伤口。人们首先让蚂蚁咬住伤口的两侧，再拧断蚂蚁的脖子，让蚂蚁的头和螯刺留在里边（以助伤口愈合）。

昆虫还有科学用途！

在一些非常规领域，人们也发现了昆虫的特别用途。它们移动和相互协作的方式给了科学家发明操控机器人的灵感。

许多昆虫，诸如蝗虫、蚂蚁和蜜蜂等，都是群居生物。它们相互交流、协作，共同完成任务，就像你在学校里和同学做的那样。科学家从昆虫的习性中学到了很多东西。果蝇还被用于基因学研究，因为它们的生长和繁殖极为迅速。

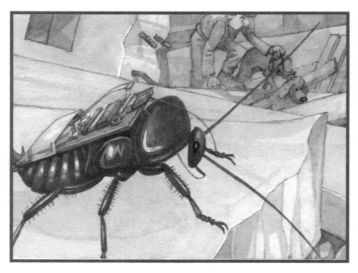

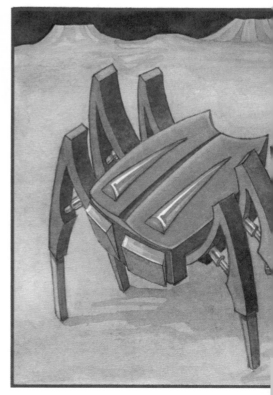

蟑螂能躲进极其狭小的空间（见上图）。搭载了电子向导装置（以便控制它们的行动并摄像）的蟑螂能在紧急救援行动中发挥重要作用。

在蚂蚁和蜜蜂的王国里，分工不一样的群体拥有不同的功能和身体形状。比如说，在蚂蚁王国，有些蚂蚁负责筑巢，有些负责采集食物，有些则负责繁衍和照料蚂蚁宝宝。集体活动的昆虫群落能相互告知食物的方位并传递危险信号。

昆虫 1 号就位……

科学家从**昆虫集体活动**的特性中得到灵感，制造出了"小队机器人"（见上图）。这是一种能通过相互协作完成搜索、传感和维护工作的机器人。

在**穿越**崎岖地形时，脚比轮子更好使（见左图）。因此，一些被设计来探索未知星系的机器，拥有像爬行昆虫一样的机械肢。有些甚至能将机械肢转换为轮子，以便在相对平坦的路上行进。

有些昆虫即便什么都不做也大有用处，只要活着就行！科学家通过观测蜉蝣幼虫的数量来判定河流的水质，因为河水水质变差会导致蜉蝣大量死亡，相反，蜉蝣健康状况良好就表明河水水质良好。

勤劳的昆虫

一些昆虫能制造出对人类有利用价值的东西，这可比造成破坏好。

蜜蜂能制造出蜂蜜和蜂蜡，并经常被我们拿走。别担心，蜜蜂制造出的蜂蜜和蜂蜡比它们自身需要的多得多！蜜蜂从花朵上采集花蜜，然后酿造成蜂蜜，并储存在蜂房里（一种质地像蜡的六边形结构）。蜜蜂会将蜜储存起来以供冬天食用。而养蜂人会从蜂房中把蜜取走，不过取蜜时可得非常小心才行！

蜜蜂要飞行约20万千米才能酿造出1千克的蜂蜜*。

蜂房

蜂房架

*也就是说，制作1磅（约453.6克）重的蜂蜜，蜜蜂需要飞行约8.8万千米。

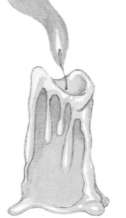

蜂房里的**蜂蜡**过去常被用于制造蜡烛和上光蜡。

原来如此！

蚕利用唾液制成丝，丝在空气中会变硬。通常情况下，蚕蛹会被杀死以保证蚕茧的完整，但如果不想那么残忍的话，就让蚕孵化吧。当蚕发育成蛾，蛾就会破茧而出，这时人们就可以从短丝处开始抽丝了。

蜂蜜是这样酿造出来的：蜜蜂采集花蜜储存到蜜胃里，回到蜂房后再将蜜吐出来。有的蜜蜂会嚼一嚼再吐出来。嗯，你还想在吐司上蘸点蜂蜜吗？

吐丝啦！

蚕丝是由蚕茧上的细纤维形成的。大约3000只蚕才能吐出1千克蚕丝。蚕幼虫蛹化前一直以桑叶为食（见左图）。

一只蚕只吐一段丝，它将吐出的丝紧紧包裹住自己直到结成茧（见右图）。这段丝长达1500米，厚约13微米。

加热蚕蛹可以杀死幼虫，然后蒸煮蚕蛹可以疏解蚕丝。有经验的抽丝师傅会先找到蚕丝的末端（见左图），然后利用机器来协助解开每个茧上缠绕的长长的丝。

在一些国家，蚕茧里的蚕蛹被当作一道美食（见右图）。你甚至可以买一罐蚕蛹来吃。

吃，还是被吃？

  有些昆虫在人类看来没什么价值，但即便如此，它们在食物链中仍然发挥着重要的作用。生态系统的平衡状态极为微妙，昆虫既是消费者也是其他生物口中的食物。

  一些昆虫会吃掉人类眼中的害虫，因此使那些破坏庄稼或可带来其他危害的害虫数量能得到控制。瓢虫每天可以吃掉50只蚜虫，瓢虫的幼虫每天吃掉的蚜虫重量相当于其自身体重。农民伯伯甚至会选择购买这类昆虫以消灭农田害虫，而不是使用化学药品杀虫剂。

  我们喜欢的动物中有许多以昆虫为食。比如，刺猬和鸟类，它们不仅吃昆虫，也吃花园中常出现的其他害虫，比如蜗牛等。

青蛙以多种昆虫为食，它闪电般地伸出那黏糊糊的舌头，瞬间就能捕捉到一只刚好飞过的苍蝇或者甲虫。一只青蛙在它的有生之年能吃掉成千上万只害虫呢！

草蛉蛉幼虫以蚜虫、毛毛虫、蛆虫、虫卵等害虫为食。在澳大利亚，农民伯伯将草蛉蛉投放到油菜田中（油菜籽过去是牲畜的食物，也用于榨取植物油），主要是为了消灭害虫。

如果你不喜欢吃昆虫的话，那么快庆幸自己不是一只穿山甲吧！穿山甲一天可能要吃200克左右的昆虫，其中主要是蚂蚁和白蚁。

蚂蚁可是厉害的养殖高手，不过它们养的是蚜虫。这一点使得蚂蚁不受花匠的喜爱。要知道它们总是帮助维持蚜虫的生存，从不阻挠蚜虫啃食植物。这些蚂蚁可喜欢舔食蚜虫分泌的东西了。

不仅仅只有动物以昆虫为食。在世界上的有些地区，昆虫还是人类的重要菜肴。如果蝗虫吃庄稼的话，你不妨选择吃掉蝗虫。

你绝不知道自己错过了怎样的美食！

但昆虫吃起来并不总是那么有营养哦！有时它们藏身在棒棒糖或巧克力里，这样的话，它们的危害就跟其他糖果一样了噢！

有些昆虫的**幼虫**会被制作成小吃，可以做羹、炖汤，还可以油炸。在有的地方，它们是被人们穿在棍子上叫卖的街边食品。它们可算得上是一道美味噢！

好虫子、坏虫子和丑虫子

如果我们不控制某些昆虫的数量，那么地球将充满饥荒、疾病和其他灾难。但如果我们将它们彻底消灭，那么地球仍然会面临饥荒、疾病，以及堆积如山的垃圾。昆虫是地球上这个复杂的生态七巧板的一部分，如果七巧板遭到破坏，人类将面临巨大的危险。

二十世纪四五十年代，一种名叫DDT的新型杀虫剂被广泛使用。DDT能够帮助杀死蚊子，控制疟疾，从而拯救了几百万条生命。

然而，DDT也进入到食物链中，间接杀死了以昆虫为食的鸟类和其他动物。如今，DDT的使用受到严格控制，人们使用更加生态的方式来平衡昆虫的数量。虽然我们不想有太多的昆虫，但我们的生活也离不开它们。

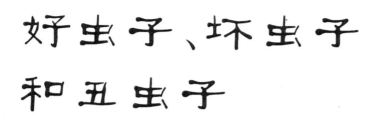

一只蝙蝠一晚能吃掉多达3000只昆虫。在20世纪初，为了引诱饥饿的蝙蝠来捕食携带疟疾的蚊子，美国得克萨斯州的查尔斯·坎贝尔医生曾经建造供蝙蝠聚居的蝙蝠栖息塔。

尝试一下！

昆虫的存在有利于花园里植物的生长，但由于我们越来越多地破坏了昆虫的家园，它们的生活也变得很艰难。你可以制作一个巢或一个可以过冬的避难处来帮助它们。无论是管子、盆子还是中空的藤条，只要是能让它们爬进去安心睡个觉的东西都可以。

竹条　　花盆　　平石板　　原木

科学家多年来一直在尝试繁殖不携带疟疾或不能繁殖的蚊子。一旦成功，这些蚊子就会被释放出来取代自然界中的蚊子。

四种害虫

过去中国曾发起过消灭麻雀的举动，当时，人们将麻雀与老鼠、蚊子、苍蝇并称"四害"。当时人们杀死麻雀是因为它们啃食庄稼，却没想到昆虫啃食的庄稼会更多。因为捕食昆虫的麻雀死了，昆虫便更肆无忌惮地啃食庄稼，导致之后几年粮食的减产，甚至颗粒无收。

术语表

Abdomen **腹部** 昆虫身体的第三部分（位于末端），内部有消化器官和生殖器官。

Allergy **过敏** 身体遇到某种具有威胁性的物质时所作出的反应。过敏的症状包括打喷嚏、发痒、皮肤长斑点、皮肤发红、呼吸困难等。

Arthritis **关节炎** 因关节损伤和肿胀造成的炎性疾病。

Arthropod **节肢动物** 有坚固的外骨骼，且身体和附肢都分节的一类动物。

Bacteria **细菌** 单细胞微生物。有的细菌会引发疾病，有的则无害甚至有益。

Cocoon **茧** 昆虫幼虫阶段末期吐出的用于包裹身体的物质。在茧内，幼虫会变成蛹，进而发育为成虫。

Compound eye **复眼** 由大量具有视觉功能的小眼组成的视觉器官。复眼具有广阔的视野以及良好的感知运动能力，但复眼能够提供的视觉信息少于单眼。

Ecological **生态学的** 研究动植物及其周围环境相互关系的。

Ecosystem **生态系统** 生物与它们生活的环境所构成的统一整体。

Entomologist **昆虫学家** 研究昆虫的科学家。

Exoskeleton **外骨骼** 坚硬的外壳，能够替代骨骼，用于维持昆虫和其他节肢动物的外形特征。

Famine **饥荒** 严重的食物短缺，使人挨饿。

Forensic **法医的** 与在犯罪调查过程中所运用到的科学知识有关的。

Genetics **基因学** 研究生物如何遗传双亲特征的科学。

Infection **传染病** 由各种病原体（多数是微生物）造成的疾病，可在人与人、动物与动物或人与动物之间相互传播。

Inflammation **炎症** 生病或受伤造成的身

体局部疼痛、发红和肿胀的症状。

Insecticide　杀虫剂　杀灭昆虫的化学药品。

Larva　幼虫　生物(比如昆虫)生长发育过程中的第一阶段。幼虫是由虫卵孵化而来的。

Metamorphosis　变态　生物由一种形态变化为另一种形态,例如蝌蚪变成青蛙。

Microorganism　微生物　有生命的微小生物,难以用肉眼观察到。人们通常利用显微镜观察它们。

Mummified　木乃伊化的　为了防止尸体腐烂而使用化学物质和裹尸技术来保存的。

Nectar　花蜜　为了吸引昆虫,由花朵分泌的甘甜的糖浆。

Nymph　若虫　一些昆虫或其他动物生命周期中的早期阶段。

Organism　生物　有生命的物体，比如植物、动物或真菌等。

Parasite　寄生虫　生活在其他生物皮肤表面或身体内以获取食物的一类生物。

Plague　鼠疫　由鼠疫杆菌造成的致命传染病。

Pollen　花粉　花朵生出的黄色或橙色粉末，其中含有能与卵子细胞结合产生种子的精子细胞。

Pollination　授粉　花朵间花粉的移动过程,授粉后花朵才能生成种子。

Prototype　雏形　新产品研发过程中的初步设计。

Pupa　蛹　生物从幼虫发育为成虫过程中的一种过渡形态。

Thorax　胸部　昆虫身体的中间部分,介于头部和腹部之间。

Vertebrate　脊椎动物　有脊椎骨的一类动物。

什么样的虫子不是昆虫？

我们常用"虫子"一词来指代所有的节肢动物，但并非所有的节肢动物都是昆虫。现在我们来列举一些你家里、花园中和学校里常见的非昆虫类节肢动物吧。

蜘蛛　长有8条腿，它的身体仅由两部分组成——头部和腹部，没有胸部。跟昆虫的身体结构相比，蜘蛛多了两条腿，但少一个身体部位。有的蜘蛛非常危险，如果你生活的环境里有这一类蜘蛛，你可要小心点儿，别跑去找它们！

蜈蚣　有长长的身体并分为许多节，每一节身体的两侧各长有一对脚。蜈蚣又名"百足虫"，但这并不意味着它们有整整一百只脚。蜈蚣的脚的数量总是奇数对的，比如49对（98只脚）或者51对（102只脚）。有的蜈蚣只有不到20只脚，有的却超过了300只。

千足虫　长有1000只脚的虫子！跟蜈蚣一样，在每节身体的两侧各长有一对脚，但实际上，没有一只千足虫的脚超过750只。

木虱　属于甲壳纲类动物，跟虾、龙虾和蟹是近亲。它们长有14只脚，拥有连体结构的身体和坚硬的外骨骼，它们的这身盔甲会随着它们的生长而脱落和更换。它们喜欢阴暗潮湿的环境，并以腐朽的木头或植物残骸为食。有的木虱在受到攻击时会蜷缩成一团。

破纪录的昆虫

最快的昆虫

蜻蜓的飞行速度能够达到每小时56千米,是昆虫家族里的"闪电侠"。

最大的昆虫

新西兰的沙螽外形长得像蟋蟀,体形巨大,是昆虫界有名的"大个子"。世界上最大的沙螽重达71克、长约8.5厘米,这还没有把它的腿和触须计算在内。

最小的昆虫

哥斯达黎加的柄翅卵蜂身长仅0.14毫米。这体形甚至还比不上一些单细胞微生物呢!

最富有冒险精神的昆虫

球螲外形酷似蜻蜓,在雨季时它们会从印度迁徙到非洲南部或东部,然后又返回印度。这一行程长达18000千米。

最令人痛不欲生的昆虫

子弹蚁的叮咬堪称是最让人痛不欲生的。被咬后疼痛的感觉就像被子弹射中了一般,所以这种昆虫才被叫作"子弹蚁"。但它其实并不会带来生命危险。如果被它咬到,疼痛不会超过24小时,然后你就会好起来。

最神秘的昆虫

柳蚜体形巨大,是蚜虫中体形最大的一种,但人们对它却知之甚少。每年2月,所有的柳蚜会销声匿迹5个月,没有人知道它们去了哪儿,而且从来没有人发现过雄性柳蚜。这似乎表明雌性柳蚜的繁殖是自我克隆,它们不需要交配就可以繁殖后代。

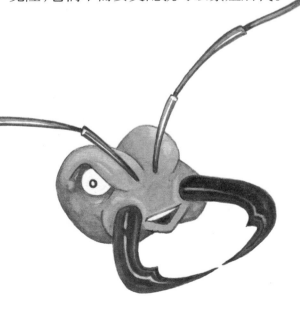

你知道吗？

• 白蚁蚁后每天能产2万~3万颗卵，并且能存活45年之久。也就是说，它一辈子能产下3亿~5亿颗卵！

• 史前的昆虫之所以体形巨大是因为那时空气里的氧气含量非常高。昆虫结构简单的呼吸系统难以适应当今世界低含氧量的空气，这就是造成现在的昆虫体形甚小的原因。

• 科学家把蜘蛛的基因添加到蚕的基因里，以便让蚕吐出强度极高的蚕丝。蜘蛛丝的强度堪比钢铁，但可惜蜘蛛无法被养殖。因为蚕易于养殖，所以让蚕吐出高强度的蜘蛛蚕丝是个好方法。

• 农民伯伯可以租来蜜蜂给庄稼授粉。他们还会购买寄生有胡蜂卵的蝇幼虫，以防控农田害虫。当这些胡蜂卵孵化时，它们能感染其他苍蝇，从而达到控制害虫数量的目的。

• 诸如毛毛虫和蚕这样的幼虫，它们身上的皮无法伸展，当幼虫长大时，它们的皮会变硬，这样一来，它们就不得不蜕皮：从原来过于狭小的那层皮里面挣脱出来，长出一层新的皮。

• 不是所有的蜜蜂都住在蜂房里，也有些蜜蜂是独居的。一些独居的蜜蜂把卵产在空蜗牛壳里，这真是最棒的废物利用法！

• 番茄主要是通过大黄蜂授粉的，因为它们喜欢大黄蜂的嗡嗡响声和震动。如果你种了番茄却没有大黄蜂光顾的话，你可以用一种老式的电动牙刷（可不是你刷牙的那种！）来模仿大黄蜂，然后你自己为番茄授粉。

致　谢

"身边的科学真好玩"系列丛书,在制作阶段幸得众多小朋友和家长的集思广益,获得了受广大读者欢迎的名字。在此,特别感谢田梓煜、李一沁、樊沛辰、王一童、陈伯睿、陈筱菲、张睿妍、张启轩、陶春晓、梁煜、刘香橙、范昱、张怡添、谢欣珊、王子腾、蒋子涵、李青蔚、曹鹤瑶、柴竹玥等小朋友。